W0470531

Maria-Regina und Michael Altmeyer

Bummeln auf dem Weihnachtsmarkt

Fensterbilder aus Tonkarton

frechverlag

Von Maria-Regina und Michael Altmeyer sind im frechverlag viele weitere Bücher erschienen. Hier eine Auswahl:

TOPP 2246

TOPP 2228

TOPP 2100

TOPP 2322

TOPP 2272

TOPP 2282

Fotos: frechverlag GmbH + Co. Druck KG, 70499 Stuttgart;
Fotostudio Ullrich & Co., Renningen

Dieses Buch enthält:
2 Vorlagenbogen

Materialangaben und Arbeitshinweise in diesem Buch wurden von den Autoren und den Mitarbeitern des Verlags sorgfältig geprüft. Eine Garantie wird jedoch nicht übernommen. Autoren und Verlag können für eventuell auftretende Fehler oder Schäden nicht haftbar gemacht werden. Das Werk und die darin gezeigten Modelle sind urheberrechtlich geschützt. Die Vervielfältigung und Verbreitung ist, außer für private, nicht kommerzielle Zwecke, untersagt und wird zivil- und strafrechtlich verfolgt. Dies gilt insbesondere für eine Verbreitung des Werkes durch Film, Funk und Fernsehen, Fotokopien oder Videoaufzeichnungen sowie für eine gewerbliche Nutzung der gezeigten Modelle.

Auflage: 5. 4. 3. | Letzte Zahlen
Jahr: 2002 2001 2000 1999 98 | maßgebend

© 1998

frechverlag GmbH + Co. Druck KG, 70499 Stuttgart

ISBN 3-7724-2375-2 · Best.-Nr. 2375

Druck: frechverlag GmbH + Co. Druck KG, 70499 Stuttgart

Seit dem Mittelalter sind sie Tradition, die Weihnachtsmärkte zur Adventszeit. Dann wird der Marktplatz mit Tannen geschmückt, Händler bauen ihre Holzhütten auf, und schon bald durchziehen zauberhafte Düfte nach gebrannten Mandeln, Glühwein und Pfefferkuchen die schmalen Budenstraßen.

Und was gibt es da nicht alles zu entdecken: Ehrwürdig dreht das alte Pferdekarussell zur Drehorgelmusik seine Runden, an farbenfrohen Ständen türmen sich dicht gedrängt Nußknacker, Räuchermännchen und Weihnachtspyramiden, glitzernder Christbaumschmuck wird feilgeboten, und an den Straßenecken und Plätzen stimmen Chöre Weihnachtslieder an. Süßes Naschwerk und buntes Spielzeug lassen Kinderaugen strahlen, in der Ecke verteilt der Nikolaus Geschenke.

Am schönsten ist es natürlich abends, wenn in der Dämmerung bunte Lämpchen angezündet werden, die Markt und Stände in ein märchenhaftes Licht tauchen. Dann ist der Zauber der Weihnachtszeit wieder greifbar, der so oft im Trubel verborgen bleibt.

Begleiten Sie uns auf einem kleinen Bummel über den Weihnachtsmarkt. Sicherlich ist in unserem Angebot auch etwas für Ihre Fenster dabei.

Eine frohe, besinnliche Weihnachtszeit und viel Spaß beim Besuch Ihres heimischen Weihnachtsmarkts wünschen Ihnen

Maria-Regina & Michael Altmeyer

Arbeitshinweise

Der genaue Materialbedarf der einzelnen Motive ist der entsprechenden Beschreibung jeweils in einer Liste vorangestellt.

Außerdem benötigen Sie zum Anfertigen von Schablonen zusätzlich Transparent- oder Architektenpapier, auch normales Butterbrotpapier ist dafür geeignet. Denken Sie daran, beim Arbeiten mit dem Cutter unbedingt eine Schneideunterlage aus Hartgummi oder einen dicken, festen Karton unterzulegen. Die speziellen Hartgummimatten sind im Fachhandel erhältlich; sie schützen nicht nur Ihren Arbeitstisch vor Beschädigungen, sondern erleichtern auch das Schneiden, da sich die Einschnitte darauf wieder schließen und keine Unebenheiten zurücklassen.
Für das Durchpausen der Vorlagen für einteilige Motive brauchen Sie Kohlepapier.

Folgendes Material und Werkzeug wird benötigt:

- *Tonkarton und Tonpapier in verschiedenen Farben*
- *goldfarbener Alu-Karton*
- *Goldpapier*
- *schwarzer, wasserfester Filzstift*
- *Transparent-, Architekten- oder Butterbrotpapier und fester Karton zum Anfertigen und Übertragen der Schablonen*
- *Kohlepapier (Kopierpapier)*
- *Zwirn oder Garn zum Aufhängen der Motive*
- *Schneidewerkzeuge: mittelgroße, spitze Schere (Papierschere); Nagelschere; Cutter, Lochzange*
- *dünne Nadel*
- *Schneideunterlage*
- *Klebstoff (Alleskleber)*
- *Bleistift (Stärke HB)*
- *(Metall-) Lineal, Geo-Dreieck*
- *Unterlage zum Schutz des Arbeitstisches vor Klebstoffresten*

Und so wird's gemacht:

1. Schablonen erstellen

Zuerst werden die Schablonen angefertigt. Legen Sie dazu Transparent- oder Architektenpapier auf die gewünschte Zeichnung des Vorlagenbogens, und zeichnen Sie die einzelnen Teile mit einem spitzen, nicht zu harten Bleistift nach. Anschließend wird das Transparentpapier mit dem abgepausten Motiv auf ein Stück festen Karton (Tonkarton) gelegt bzw. geklebt und an den Bleistiftlinien exakt ausgeschnitten. So erhalten Sie eine Schablone.
Die einteiligen, filigranen Motive können mit Hilfe von Kohlepapier auch direkt auf den Tonkarton durchgepaust werden.

2. Schablone übertragen

Die Kartonschablone legen Sie so auf den Tonkarton oder das Tonpapier, daß sie nicht verrutscht, und umfahren die Umrißkanten sorgfältig mit einem Bleistift. Auf dunklem Untergrund hebt sich der Bleistiftstrich nicht genügend ab; hier sollten Sie für das Umfahren einen weißen Farb- oder Kreidestift benutzen.

3. Ausschneiden des Motivs

Anschließend können die Motive ausgeschnitten werden. Bei geraden Linien setzen Sie am besten einen Cutter ein. Das Cuttermesser wird dabei wie ein Bleistift gehalten. Nützlich ist hierbei ein Metallineal. Richten Sie das Lineal an der auszuschneidenden Linie aus, und ziehen Sie den Cutter mit leichtem Druck daran entlang (Schneideunterlage nicht vergessen!). Stumpfe Klingen rechtzeitig auswechseln. Rundungen und Aussparungen mit einer spitzen Schere, sehr kleine Wölbungen oder Details mit einer Nagelschere bearbeiten.
Damit die mehrteiligen Fensterbilder von vorn und hinten schön anzusehen sind, werden sie beidseitig ausgearbeitet. Die entsprechenden Teile doppelt ausschneiden und in der jeweiligen Reihenfolge auf Vorder- und Rückseite fixieren. Denken Sie daran, die Teile der Rückseite spiegelverkehrt aufzukleben. Die Teile aus Tonpapier können doppelt zugeschnitten werden, indem das Papier übereinandergelegt wird und dadurch mit einem Schnitt zwei gleiche Figuren entstehen. Bei den Teilen aus dem schwereren und dickeren Tonkarton gestaltet sich dies schwieriger. Um unschöne Schnittkanten zu vermeiden, sollten hier sämtliche Teile einzeln zugeschnitten werden.

4. Zusammenkleben der Motive

Zum Verkleben der Tonkarton- und Tonpapierteile können Sie normalen Alleskleber verwenden. Vor dem Fixieren sollten Sie alle Teile des Motivs entsprechend der Vorlage anordnen und dann der Reihe nach miteinander verkleben.

Zum Schluß werden mit einem Filzstift Verzierungen und Gesichter aufgemalt. Mit einer dünnen Nadel ein Aufhängeloch ins Fensterbild stechen, Garn oder Zwirn hindurchziehen und einen passenden Ort zum Aufhängen suchen.

Vor der Spielzeugbude

Motivhöhe ca. 26 cm

Material:

★ *Tonkarton, weiß*

Als erstes schneiden Sie den äußeren Umriß des Motivs vorsichtig aus weißem Tonkarton aus. Danach die Schneespuren mit leicht geschwungenen Cutterschnitten andeuten. In das Dach ritzen Sie halbkreisförmig kleine Dachschindeln ein, die Sie anschließend etwas nach außen biegen. Mit mehreren senkrechten Schnitten die Holzstruktur des unteren Teils der Verkaufsbude hervorheben und die Theke mit einem waagerechten Einschnitt davon trennen. Nun vorsichtig die einzelnen

Spielwaren herausarbeiten. Dann können die über das ganze Motiv verteilten Sterne herausgeschnitten werden. Zum Schluß öffnen Sie die großen Freiflächen im Inneren des Halbkreises.

Die kleine Sängerin

Motivhöhe ca. 33 cm

Material:

- *Tonkarton, weiß und chamois*
- *Tonpapier, grün, gelb, rot, blau, braun, chamois, grau, schwarz und weiß*
- *Creme-Rouge*

Der weiße Schneeuntergrund und der Kopf des Mädchens werden je einmal aus Tonkarton gearbeitet. Das gelbe Innenteil der Laterne schneiden Sie einmal, die übrigen Motivteile jeweils doppelt aus Tonpapier zu.

Zuerst wird die Laterne gebastelt. Fixieren Sie die beiden Laternenhälften auf dem Schnee, dabei schieben Sie das gelbe Innenteil dazwischen und befestigen es mit. Anschließend beidseitig die grauen Dachteile aufsetzen und mit einigen Schneeflecken verzieren. Danach wird der grüne Weihnachtskranz aufgeklebt und mit einer roten Schleife geschmückt.

Nun ist die kleine Sängerin an der Reihe; auch das Mädchen wird beidseitig gestaltet.

Zunächst werden die Beine unter den Rock geklebt, mit den Schuhen ergänzt und zuletzt auf dem Schneeteil fixiert. Dann beidseitig die Jacke plazieren, dabei den Kopf am Halsansatz zwischen die Jackenhälften schieben. Die Jacke ergänzen Sie mit den Pelzbesätzen. Jetzt die beiden Buchteile (Umschlag und Seiten) zusammenkleben und dann nacheinander das aufgeschlagene Buch, die Handschuhe, die Ärmel und den Armbesatz anbringen. Den Kopf mit den Haaren, der Mütze sowie Nase und Mund vervollständigen. Mit einem dünnen, schwarzen Filzstift werden die Augenlinien aufgemalt und die einzelnen Buchseiten angedeutet. Die rosigen Wangen erhält die kleine Sängerin, wenn Sie etwas Creme-Rouge nehmen und kreisförmig auf dem Tonkarton verreiben.

Ich knack' die Nuß!

Motivhöhe ca. 30 cm

Material:

- ★ *Tonkarton, weiß, chamois und braun*
- ★ *Tonpapier, weiß, schwarz, blau und rot*
- ★ *Goldpapier*
- ★ *Nylonfaden*

Den Kopf, die Hose und die Hände jeweils aus Tonkarton zuschneiden. Das hintere Haarteil, das rote Zierdreieck, der Bart, der Mund und die Nase werden je einmal aus Tonpapier benötigt. Alle übrigen Teile jeweils doppelt aus Tonpapier ausschneiden. Knöpfe und Hutborte aus Goldpapier arbeiten.

Als erstes die beiden Jackenhälften aufeinanderkleben, dabei Kopf und Hose dazwischenschieben und mitfixieren. Die Stiefel beidseitig an der Hose befestigen. Anschließend erhält der Nußknacker seine weiße Haarpracht: das große Haarteil bildet den Hinterkopf, die beiden schmalen werden vorn seitlich am Kopf fixiert. Den Pelzbesatz beidseitig an den Ärmelenden anbringen, den Gürtel in Taillenhöhe aufkleben. Auf der Vorderseite verzieren Sie die Jacke unterhalb des Gürtels mit dem roten Dreieck. Dann wird das Gesicht des Nußknackers mit den Augen, der Nase, dem Bart und dem Mund samt angedeuteter Oberlippe vervollständigt. Die Augenbrauen und die Pupillen malen Sie mit einem schwarzen Filzstift auf. Den Hut aufsetzen und mit der goldenen Borte dekorieren. Zuletzt verzieren Sie die Jacke noch mit den sechs Goldknöpfen. Anschließend einen Arm des Nußknackers an der gestrichelten Linie falzen und nach vorn knicken.

Zuletzt schneiden Sie aus braunem Tonkarton mehrere Nüsse in verschiedenen Größen aus. Mit einem Cutter die Maserung in die Nüsse ritzen. Die Früchte werden mit Nylonfaden zu zwei Ketten aufgereiht und diese an den Handflächen des Nußknackers befestigt.

Filigraner Weihnachtsschmuck

Schaukelpferde

Motivhöhen ca. 15 cm und 22 cm

Material:

★ *Tonkarton, blau und rot*

Die Umrisse der beiden Schaukelpferde schneiden Sie aus blauem bzw. rotem Tonkarton aus.

Anschließend werden mit dem Cutter die Trennlinien am Schwanz und am Sattel eingeritzt. Den Pferdeschopf und die Pferdemähne deuten Sie mit leicht geschwungenen Cutterschnitten an. Danach die gezackten Sattelfransen heraustrennen und das Herz und die beiden Zieröffnungen in die Kufen schneiden. Zuletzt trennen Sie die große Freifläche zwischen den Pferdebeinen heraus. Das Auge wird mit der Lochzange ausgestanzt.

Nußknacker

Motivhöhe ca. 30 cm

Material:

★ *Tonkarton, grün*

Schneiden Sie die Grundform des Nußknackers aus grünem Tonkarton aus.

Anschließend die Trennlinien mit einem Cutter einritzen und die Fläche zwischen Arm und Körper heraustrennen. Augen und Nase öffnen. Die Jackenknöpfe werden mit der Lochzange eingestanzt. Zuletzt den Schnauz- und den Kinnbart leicht nach vorn wölben.

Weihnachtspyramide

Motivhöhe ca. 30 cm

Material:

- ★ *Tonkarton, blau*
- ★ *Tonpapier, grün, braun, chamois und weiß*
- ★ *Goldpapier*

Die Grundform der Pyramide wird einmal, die Mittelscheibe der Drehflügel doppelt aus blauem Tonkarton ausgeschnitten. Die Motivteile der Kerze und des Halters benötigen Sie insgesamt je viermal, alle übrigen Teile werden doppelt aus Tonpapier bzw. aus Goldpapier angefertigt.
Fixieren Sie die Bodenplatte beidseitig am unteren Pyramidenrand. Anschließend befestigen Sie die große Tanne. Der Goldstern, der die Tannenspitze schmückt, wird so angebracht, daß er halb die Tanne und halb die Pyramide bedeckt. Bevor Sie die Drehflügel aufsetzen können, müssen Sie mit dem Cutter die Linien zwischen den einzelnen Flügeln auftrennen. Den Mittelpunkt des Rades bildet das blaue Kartonoval. Dann den Engel und das Schäfchen arbeiten. Beim Engel zunächst das Kleid fixieren, danach Haare und Flügel aufkleben. Das Schäfchen ergänzen Sie mit seinem weißen Fell. Die Augen werden mit einem schwarzen Filzstift aufgemalt. Dann können Sie die Figuren unterhalb des Baumes auf der Bodenplatte anordnen.
Zum Schluß die Weihnachtspyramide noch mit den beiden Kerzen samt Haltern verzieren. Die Kerzenhalter werden mit dem goldfarbenen Oberteil ergänzt und seitlich am Pyramidenrand plaziert. Anschließend den Kerzenschaft aufkleben und die goldene Flamme fixieren. Zum Aufmalen des Dochtes wird ein schwarzer, wasserfester Filzstift benutzt.

Auf dem Weihnachtsmarkt

(Abbildung Seite 16/17)

Motivhöhe ca. 33 cm

Material:

- ★ *Sternchen-Tonkarton, blau*
- ★ *Tonpapier, grün, hellblau, chamois, grau, hellbraun, mittelbraun, dunkelbraun, rot und weiß*

Der sternenübersäte Nachthimmel wird einmal aus dem Sternchen-Tonkarton zugeschnitten. Alle übrigen Motivteile werden aus Tonpapier gefertigt.
Bevor Sie die hellblaue Häuserfront auf dem Hintergrund fixieren, trennen Sie zunächst die Fenster- und Türöffnungen vorsichtig mit einem Cutter heraus und hinterkleben sie mit chamoisfarbenem Tonpapier. Die einzelnen Gebäude werden mit dünnen Filzstiftlinien voneinander getrennt. Nun die schneebedeckten Dächer aufsetzen und den gesamten Marktplatz mit der großen Schneefläche bedecken. Den grauen Weg vom Kircheneingang hinunter zum Marktplatz führen. Dann ergänzen Sie den Kirchturm mit der Uhr, Zeiger und Viertelstundenmarkierungen malen Sie mit einem schwarzen Filzstift auf. Jetzt kann die große Tanne zwischen die Gebäudelücke geklebt und mit mehreren Schneeflecken verziert werden.

(Fortsetzung Seite 16)

Zuletzt gestalten Sie die beiden Weihnachtsmarktbuden. Die Ecklinie des vorderen Stützbalkens mit einem Filzstift aufzeichnen. Den Innenraum der Hütten jeweils mit chamoisfarbenem Tonpapier hinterkleben. Danach wird der Giebel befestigt; die einzelnen Holzbretter werden mit mehreren senkrechten Strichen angedeutet, dabei sollten Sie die Linien nicht zu exakt zeichnen. Anschließend das mit Schnee bedeckte Dach befestigen.

Plazieren Sie nun eine Hütte rechts und eine links von dem schmalen Fußweg. Die Weihnachtsbuden können nun beliebig mit den verschiedenen Spielwaren und Lebkuchen ausgeschmückt werden. Zum Schluß dekorieren Sie den Eingang einer Hütte mit den grünen Kränzen samt aufgesetzter roter Schleife, beim anderen Stand fixieren Sie am Rand je eine kleine Tanne.

Weihnachtsmarktstände

Pfefferkuchenhaus und Spielzeugland

Motivhöhen ca. 25 cm und 30 cm

Material:

★ *Tonkarton, weiß*

Die Umrisse der beiden Marktbuden aus weißem Tonkarton ausschneiden. Anschließend beim kleineren Hausmotiv mit dem Cutter zunächst die Trennlinien der Trommel und die Beinlinie einritzen; beim größeren Pfefferkuchenhaus die Mandeln auf den Lebkuchen andeuten. Dann schneiden Sie vorsichtig die kleinen Flächen zwischen den Figuren und den Spielzeugen bzw. den Lebkuchen aus. Danach wird das Giebelfachwerk herausgearbeitet. Zum Schluß die großen Zwischenräume im Inneren der beiden Weihnachtsmarktstände aufschneiden.

Rauschgoldengel

Motivhöhe ca. 23 cm

Material:

- ★ *Tonkarton, weiß und braun*
- ★ *Tonpapier, chamois*
- ★ *Alu-Karton, goldfarben*
- ★ *Alu-Bastelfolie mit Sternchenprägung, goldfarben*
- ★ *dünner Goldfaden*

Den Körper und die Haare des Engels je einmal aus Tonkarton, die Hände viermal und das Gesicht einfach aus Tonpapier anfertigen. Flügel, Kragen und Heiligenschein werden einmal aus goldfarbenem Alu-Karton gearbeitet. Für den Faltenrock benötigen Sie ein Rechteck von 35 cm x 13 cm, das aus der goldfarbenen Sternchenfolie geschnitten wird.

(Fortsetzung Seite 20)

(Fortsetzung von Seite 19)

Zuerst die Hände beidseitig an den Ärmelenden fixieren. Dann kleben Sie die Haare von hinten am Halsansatz fest und plazieren das Gesichtsteil mittig auf dem Engelhaar. Augen und Mund werden mit einem schwarzen Filzstift aufgezeichnet. Anschließend den Engel mit dem goldenen Kragen ergänzen. Heiligenschein und Flügelpaar werden am Hinterkopf bzw. am Rücken fixiert.
Zuletzt erhält der Engel noch seinen prächtigen Faltenrock. Die Sternchenfolie wird von der schmalen Seite her zu einer Ziehharmonika gefaltet, die Falzbreite beträgt dabei jeweils 0,5 cm. In die obere Knickkante stanzen Sie mit der Lochzange bei mittlerer Einstellung ein Loch und ziehen durch diese Öffnung mit einer Nähnadel einen Goldfaden oder eine dünne Goldkordel. Anschließend fächern Sie den Rock vorsichtig am Saum weit auseinander. Nun auf die Rückseite Klebstoff streichen und den Faltenrock von vorn auf dem Engel befestigen. Das Goldband winden Sie um die Taille und verknoten es auf der Rückseite.

Weihnachtsmarktmusikanten

Motivhöhe ca. 38 cm

Material:
- ★ *Tonkarton, blau und chamois*
- ★ *Tonpapier, blau, gelb, rot, grün, chamois und braun*
- ★ *Alu-Karton, goldfarben*

Den Laternenständer schneiden Sie zweimal, das Innenlicht der Laterne einmal aus Tonpapier zu. Für jeden Musikanten werden Kopf und Hose je einmal aus Tonkarton benötigt, alle übrigen Teile werden jeweils doppelt aus Tonpapier angefertigt. Trompete und Horn schneiden Sie aus goldfarbenem Alu-Karton aus.
Als erstes wird das gelbe Innenlicht zwischen die beiden Laternenhälften geklebt. Danach befestigen Sie die beiden Musikanten am Laternenpfahl. Den Kopf und die Hose zwischen die Mantelhälften legen und den Mantel zusammenkleben, dabei die hintere, untere Saumspitze noch nicht fixieren, sondern dieses Ende auf die Laterne schieben und andrücken. Beidseitig die Schuhe aufsetzen.
Dann werden die Hände unter die Ärmelenden geklebt und die Arme am Mantel plaziert, dabei geben Sie dem einen Jungen das Horn, dem anderen die Trompete zwischen die Handflächen. Nun nacheinander jeweils auf Vorder- und Rückseite die Wollmütze, den Schal und den Mützenrand aufkleben. Die Mütze und der Schal werden dabei zusätzlich, wie vorher der Mantel, am Laternenpfahl befestigt. Zuletzt verzieren Sie einen Mantel mit der aufgesetzten Tasche, den Mantel des anderen Musikanten ergänzen Sie mit der schmalen Lasche und dem roten Knopf. Die Augen der beiden Weihnachtsmarktmusikanten stanzen Sie mit einer Lochzange aus.

Das alte Pferdekarussell

Motivhöhe ca. 26 cm

Material:

- ★ *Tonkarton, weiß*
- ★ *Tonpapier, grün, rot, blau, braun und schwarz*

Das Grundmodell des Karussells wird einmal aus weißem Tonkarton angefertigt, das blaue Zeltdach und die grüne Dachbegrenzung werden jeweils doppelt aus Tonpapier ausgeschnitten. Des weiteren benötigen Sie für das Karussell noch sechs rote Zierschleifen und zehn grüne Bodenkaros, die ebenfalls aus Tonpapier gearbeitet werden. Die Motivteile für die beiden Schaukelpferde schneiden Sie insgesamt je viermal aus Tonpapier zu.

Das Grundgerüst des Karussells fügen Sie als erstes zusammen. Beidseitig das blaue Zeltdach fixieren. Anschließend wird die grüne Randbegrenzung aufgeklebt und auf beiden Seiten mit je drei Schleifen verziert. Am Karussellboden vorn und hinten das rote Podest aufsetzen und mit den kleinen Karos ergänzen.

Nun wird je ein Schaukelpferd links und rechts von der Mittelsäule befestigt. Zuerst die Kufen beidseitig auf dem Karussell anbringen. Danach werden die Pferdekörper fixiert. Anschließend die Pferdemähne und den Schweif aufkleben. Zuletzt plazieren Sie die blaue Pferdedecke und darauf die rote Decke. Augen, Nüstern und Kopfgeschirr zeichnen Sie mit einem feinen, schwarzen Filzstift auf.

Spieldose mit Kirchenchorsängern

Motivhöhe ca. 32 cm

Material:

- *Tonkarton, blau*
- *Tonpapier, hellbraun, dunkelbraun, chamois, schwarz, bordeauxrot, blau und grün*
- *Goldpapier*

Den blauen Spieldosensockel schneiden Sie einmal aus Tonkarton, die Standfüße und die Deckplatte je doppelt aus Tonpapier zu. Füße und Deckel werden beidseitig am blauem Unterteil fixiert. Anschließend sechs Sterne aus Goldpapier zuschneiden und Vorder- und Rückseite der Spieldose mit je drei Sternen verzieren.
Nun werden die verschiedenen Motivteile der Dosendekoration aus Tonpapier angefertigt. Die Außenwand der Kirche doppelt arbeiten, mit dem Cutter vorsichtig die Fensteröffnungen herausarbeiten und die Fenster anschließend mit je einem dunkelbraunen Tonpapierzuschnitt hinterkleben. Tanne und Kirchendach ebenfalls zweimal ausschneiden.
Die Kirche wird beidseitig auf dem Deckel der Spieluhr fixiert und mit dem Dach ergänzt. Davor, seitlich zum Rand hin, setzen Sie die Tanne.
Zuletzt werden die kleinen Chorsänger fertiggestellt. Da die Sänger beide Spieluhrseiten schmücken sollen, werden auch hier die einzelnen Motivteile doppelt ausgeschnitten. Als erstes kleben Sie den Fuß unter den Rock, dann fixieren Sie nacheinander den Halsumhang und den Kopf. Die Sänger mit Liederbuch und Händen ergänzen. Der Sternenträger links erhält statt des Buches einen braunen Stab mit Zackenstern. Außerdem wird ihm eine zweite Hand aufgeklebt. Setzen Sie nun die Sänger so auf die Spieluhr, daß der Sternenträger am Rand mit dem Gesicht zur Mitte schaut, die beiden anderen Figuren plazieren Sie etwas versetzt zueinander auf Kirche und Deckelboden. Die Gesichter der Chorsänger werden mit einem dünnen, schwarzen Filzstift aufgezeichnet.

Weihnachtsmarktengel

(Abbildung Seite 26)

Motivhöhe ca. 25 cm

Material:

- *Alu-Karton, goldfarben*

Den äußeren Umriß des Motivs aus goldfarbenem Alu-Karton ausschneiden. Mit einem Cutter die Trennlinien der Arme einritzen, die Flügel mit jeweils vier kleinen, geschwungenen Linien ergänzen. Dann werden die Rocksäume mit den Sternen verziert; das Kopfhaar schmücken Sie ebenfalls mit je einem Stern. Nun können die übrigen Freiflächen beidseitig von der Kerze herausgetrennt werden. Die Augen und die Nase der beiden Engel stanzen Sie mit einer Lochzange ein.

(Anleitung Seite 28)

Lichterbogen

(Abbildung Seite 27)

Motivhöhe ca. 25 cm

Material:
★ *Tonkarton, rot*

Bei diesem Lichterbogen (Schwibbogen) trennen Sie zunächst die Innenflächen heraus; das Motiv bleibt so bis zuletzt in sich stabil und kann leichter ausgeschnitten werden. Mit einem Cutter die geschwungenen Konturlinien der Kerzenhalter andeuten, in die Kerzenflammen die ovalen Öffnungen einschneiden. Danach werden die beiden Engel am unteren Kleidrand mit jeweils drei Sternen verziert. Anschließend die Öffnungen der Engelstrompeten auftrennen und die dreieckigen Fenster in die Laternen einschneiden. Dann können die großen Freiflächen bearbeitet werden; beginnen Sie dabei an der oberen Bogenrundung. Augen und Nase der Engel werden mit einer Nadel eingestochen. Zum Schluß schneiden Sie den äußeren Konturenumriß des Lichterbogens vorsichtig mit dem Cutter aus.

Weihnachtswünsche

Motivhöhe Haus ca. 29 cm

Fachwerk: Als Aufhängung für die bunten Spielwaren dient ein Dach aus Fachwerk. Den Motivumriß aus mittelblauem Tonkarton ausschneiden. Mit einem Cutter die Öffnungen im Fachwerk herausarbeiten.

Eisenbahn: Die Grundform der Lokomotive einmal aus gelbem Tonkarton ausschneiden. Die Räder und die Radnaben je viermal, alle übrigen Motivteile jeweils doppelt aus Tonpapier arbeiten. Zunächst das rote Führerhaus beidseitig auf die Grundform kleben. Dann wird mit einem Cutter das Fenster herausgetrennt. Nun auf Vorder- und Rückseite das Dach des Führerhauses und den Schornstein aufsetzen und den Eisenbahnboden befestigen. Zuletzt fixieren Sie die Räder und ergänzen sie mit den roten Radnaben.

Schaukelpferd: Schneiden Sie den Pferdekörper einmal aus weißem Tonkarton aus. Schweif, Mähne und Bodenteil je doppelt, die Räder viermal aus Tonpapier fertigen. Beidseitig das Pferdchen mit Mähne und Schweif ergänzen. Das Bodenteil an den Beinenden fixieren und die Räder befestigen. Das Auge stanzen Sie mit einer Lochzange aus.

Kasperle: Bis auf Kopf, Hände und Füße, die je einmal aus Tonkarton benötigt werden, werden sämtliche Motivteile jeweils doppelt aus Tonpapier zugeschnitten.
Als erstes beidseitig die Mütze am Kopf befestigen. Anschließend fixieren Sie den Mützenrand und den Bommel. Dann kleben Sie den Kopf mit dem Halsansatz zwischen die beiden Anzugteile, dabei werden gleichzeitig Hände und Füße an den Ärmel- bzw. Beinenden eingeschoben. Zum Schluß erhält das Kasperle seine Halskrause. Mit einer Lochzange wird das Auge eingestanzt; die Augenbraue und den Mund zeichnen Sie mit einem dünnen, schwarzen Filzstift auf.
Fädeln Sie mit Hilfe einer dünnen Nadel je einen Nylonfaden durch die Figuren und verteilen Sie sie unterhalb des Fachwerkdaches; wählen Sie dabei die Fäden unterschiedlich lang.

Material:

- ★ *Tonkarton, mittelblau, gelb, chamois, schwarz und weiß*
- ★ *Tonpapier, rot, dunkelblau, grün, gelb und schwarz*
- ★ *Nylonfaden*

Nikolaus

Material:
- ★ *Tonkarton, hellbraun, mittelbraun, chamois und grün*
- ★ *Tonpapier, weiß, schwarz, weinrot, chamois und grau*
- ★ *Nylonfaden*
- ★ *Creme-Rouge*

(Anleitung für Seite 30/31 siehe Seite 32)

Nikolaus

(Abbildung Seite 30)

Motivhöhe ca. 32 cm

Nikolaus: Das grüne Bodenteil, der Sack und die ausgestreckte Hand werden je einmal aus Tonkarton zugeschnitten. Alle übrigen Motivteile jeweils doppelt aus Tonpapier anfertigen. Zuerst ergänzen Sie den Sack mit dem schwarzen Verschlußband. Dann kleben Sie beidseitig die Stiefel auf die Bodenplatte und fixieren danach den Mantel, dabei den Sack in Rückenhöhe und die (ausgestreckte) Hand am Ärmelende zwischen die Mantelhälften schieben. Die andere Hand unter den losen Ärmel kleben und beidseitig am Mantel befestigen. Auf Vorder- und Rückseite den Fellbesatz am Mantelsaum und an den Ärmelenden anbringen. Anschließend die Haare samt Vollbart befestigen. Das Gesichtsteil plazieren und den Nikolaus mit seinen Augen und dem Schnauzbart ergänzen. Die rosigen Wangen erhalten Sie, wenn Sie das Gesicht mit etwas Creme-Rouge einreiben. Auch die Nase wird vor dem Aufkleben mit Rouge abgedunkelt. Mit einem schwarzen Filzstift malen Sie die großen, runden Pupillen auf. Zuletzt die Mütze aufsetzen und den unteren Mützenrand mit dem Pelzbesatz verzieren.

Lebkuchen: Die Grundformen der verschiedenen Lebkuchen werden einmal aus mittelbraunem Tonkarton ausgeschnitten. Aus Tonpapier fertigen Sie die Verzierungen wie die Mandeln und fixieren sie auf Vorder- und Rückseite der Lebkuchen. Das Pferdeauge wird mit einer Lochzange ausgestanzt.

An den gekennzeichneten Stellen fädeln Sie nun mit einer Nadel Nylonfaden durch die Lebkuchen und reihen sie übereinander zu einer Kette auf.

Die Lebkuchenkette wird an der ausgestreckten Hand des Nikolaus befestigt.

Räuchermännchen

(Abbildung Seite 31)

Motivhöhe ca. 24 cm

Material:

- ★ *Tonkarton, grün*
- ★ *Tonpapier, schwarz, weiß, chamois, gelb, braun, grau und rot*
- ★ *Alu-Karton, goldfarben*
- ★ *Goldpapier*
- ★ *Creme-Rouge*

Den Boden und den Himmelschlüssel je einmal aus Tonkarton bzw. Alu-Karton ausschneiden, das Innenlicht der Laterne einmal aus Tonpapier anfertigen. Die restlichen Motivteile werden jeweils doppelt aus Tonpapier oder Goldpapier ausgeschnitten.

Als erstes ergänzen Sie das Gewand beidseitig mit dem goldenen Gürtel. Das Innenlicht zwischen die Laternenhälften kleben und dann Laterne und Himmelschlüssel jeweils zwischen zwei Handflächen befestigen. Nun können die Beine vorn und hinten am Bodenteil fixiert und darauf die Schuhe plaziert werden. Anschließend das Gewand an den Beinen ansetzen, die Hand mit dem Schlüssel am Ärmelende dazwischenschieben und mitfixieren. Beidseitig den losen Ärmel befestigen, die Hand mit der Laterne dabei mit einfassen. Auf Vorder- und Rückseite den Bart fixieren und den Kopf aufkleben. Das Räuchermännchen mit seinem Heiligenschein, dem Mund und den Augen versehen. Die Wangen werden mit Creme-Rouge eingerieben, so erhalten sie eine schöne rote Tönung. Auch die Nase wird vor dem Aufkleben mit etwas Rouge eingefärbt. Zuletzt vervollständigen Sie das Räuchermännchen mit der großen, braunen Tabakspfeife. Die Pupillen werden mit einem schwarzen Filzstift aufgemalt; die Konturen der Pfeife mit einigen dünnen Linien angedeutet.